BEI GRIN MACHT SICH IHR
WISSEN BEZAHLT

Bibliografische Information der Deutschen Nationalbibliothek:

Die Deutsche Bibliothek verzeichnet diese Publikation in der Deutschen National-
bibliografie; detaillierte bibliografische Daten sind im Internet über http://dnb.d-
nb.de/ abrufbar.

Impressum:

Copyright © 2016 GRIN Verlag, Open Publishing GmbH
Druck und Bindung: Books on Demand GmbH, Norderstedt Germany
ISBN: 9783668515598

Dieses Buch bei GRIN:

http://www.grin.com/de/e-book/374209/beziehungen-zwischen-wahrscheinlichkeits-
verteilungen

Alexander Baumann

Aus der Reihe: e-fellows.net stipendiaten-wissen

e-fellows.net (Hrsg.)

Band 2547

Beziehungen zwischen Wahrscheinlichkeitsverteilungen

GRIN Verlag

GRIN - Your knowledge has value

Der GRIN Verlag publiziert seit 1998 wissenschaftliche Arbeiten von Studenten, Hochschullehrern und anderen Akademikern als eBook und gedrucktes Buch. Die Verlagswebsite www.grin.com ist die ideale Plattform zur Veröffentlichung von Hausarbeiten, Abschlussarbeiten, wissenschaftlichen Aufsätzen, Dissertationen und Fachbüchern.

Besuchen Sie uns im Internet:

http://www.grin.com/

http://www.facebook.com/grincom

http://www.twitter.com/grin_com

I) Präzisierung des Themas

Als ich mein Thema für die Seminararbeit auswählte, lautete es "Wahrscheinlichkeitsverteilungen". Dieser Begriff ist sehr allgemein und weitreichend. Nun kann ich diesen Titel präzisieren und genauer auf den Inhalt dieser Seiten eingehen. Im Folgenden werde ich vier Wahrscheinlichkeitsverteilungen (WK-Verteilungen) näher betrachten, die zu den wichtigsten in der Stochastik zählen. Am Anfang jeder Einführung einer neuen WK-Verteilung werden zunächst dessen Eigenschaften theoretisch untersucht. Danach werden wir uns auf die Anwendung solcher Funktionen fokussieren. Dabei werden wir feststellen, dass all diese Verteilungen miteinander verknüpft sind. Somit sind die Beziehungen zwischen den einzelnen Verteilungen besonders zu beachten und werden deswegen genauer unter die Lupe genommen. Bevor wir aber uns der ersten WK-Verteilung widmen, muss zunächst einmal geklärt werden, was dies überhaupt genau ist.

II) Die Kolmogorow-Axiome

Die Kolmogorow-Axiome stellen den Grundstein dieser Arbeit dar, da eine WK-Verteilung erst durch diese definiert wird. Interessanterweise existierten solche Verteilungen schon im 19. Jahrhundert wie die Binomial- oder Normalverteilung. Die Schwierigkeit lag aber darin, diese eindeutig, allgemein und möglichst knapp zu definieren. Das gelang erst dem russischen Mathematiker Andrei Kolmogorow circa 200 Jahre später.

1 Definition (Axiome von Kolmogorow)

"Eine Funktion P: A→P(A) mit $A \subset \Omega$ und $P(A) \in IR$ heißt

Wahrscheinlichkeitsverteilung, wenn sie die folgenden Axiome, auch Axiome von

Kolmogorow genannt, erfüllt:

Axiom I: $\quad P(A) \geq 0$

Axiom II: $\quad P(\Omega) = 1$

Axiom III: $\quad$ *Wenn $A \cap B = \{\}$, dann muss gelten: $P(A \cup B) = P(A) + P(B)$*

P(A) heißt Wahrscheinlichkeit von A." [1]

---

[1] Lambacher Schweizer 11, S.174

III) Diskrete und stetige Wahrscheinlichkeitsverteilungen

Der Unterschied zwischen einer diskreten und stetigen WK-Verteilung ist ganz einfach zu verstehen. Diskrete Verteilungen sind meist auf den Natürlichen oder Ganzen Zahlen definiert und haben deswegen Sprungstellen. Ein Beispiel, wo es nur einen solchen Definitionsbereich gibt, ist das Würfeln, da man nur eine "3", aber keine "3,5" erzielen kann. Stetige WK-Verteilungen sind dagegen auf den Reellen Zahlen definiert, beispielsweise bei der Verteilung der Körpergröße des Mannes. Der Unterschied ist in der untenstehenden Abbildung [2] nochmal zu erkennen.[3]

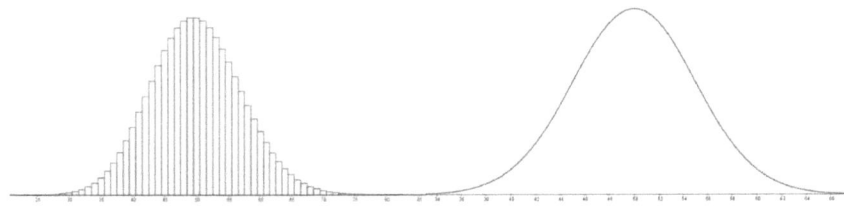

1 Vergleich zwischen einer diskreten (links) und stetigen (rechts) WK-Verteilung

1. Die Binomialverteilung

Die Binomialverteilung ist eine der wichtigsten Verteilungen in der Wahrscheinlichkeitstheorie und zudem noch Ausgangspunkt weiterer Verteilungen, die im Folgenden noch besprochen werden. Somit muss diese hier aufgeführt werden. Jedoch werden wir auf die Herleitung verzichten, da diese schon im Seminar und im Unterricht thematisiert wurde bzw. wird.

3.1.1 Definition (Binomialverteilung)

"Eine Zufallsgröße X heißt binomial nach B(n;p) verteilt, wenn

1. die Wertemenge von X die Menge {0,1,2,...,n} ist, und

2. für die Wahrscheinlichkeitsverteilung von X gilt:

$$B(n;p): \quad x \to B(n;p;x) := \begin{cases} \binom{n}{x}p^x(1-p)^{n-x} & \text{für } x \in \{0,1,\dots,n\}, \\ 0 & \text{sonst.}\end{cases}"$$ [4]

Dabei steht n für die Anzahl der Versuche, p für die Treffer-Wahrscheinlichkeit und k für die jeweiligen Erfolge.

[2] selbst erstellte Abbildung auf GeoGebra
[3] vgl. https://www.ma.tum.de/foswiki/pub/Studium/ChristianKredler/Stoch1.pdf, Seite 18-21 und 23-27
[4] Stochastik Leistungskurs, S.231

Nun definieren wir noch eine Maßzahl für eine WK-Verteilung, die im Seminar auch schon eingeführt wurde.

3.1.2 Definition (Erwartungswert)

"Die Zufallsgröße X habe die Wertemenge$\{x_1, x_2, \ldots, x_n\}$. Die zugehörigen Wahrscheinlichkeiten seien $W(x_1), W(x_2), \ldots, W(x_n)$. Dann heißt die Zahl

$$\mu := \mathcal{E}X := \sum_{i=1}^{n} x_i W(x_i)$$

Erwartungswert der Zufallsgröße X."[5]

Desweiteren gilt eine Merkregel für den Erwartungswert:

"Erwartungswert einer Summe = Summe der Erwartungswerte" [6]

Rechnerisch bedeutet das:

$$\mathcal{E}(X_1 + X_2 + \cdots + X_n) = \sum_{i=1}^{n} \mathcal{E}X_i$$

Diese Eigenschaft hilft uns sehr für die Berechnung des Erwartungswertes einer binomialverteilten Zufallsgröße. Beim Urnenmodell mit Zurücklegen ist der Erwartungswert bei einem Zug, einen Treffer zu erzielen, logischerweise gleich der Trefferwahrscheinlichkeit p. Wenn man nun n-mal zieht, ist der Erwartungswert gleich dem Produkt aus der Anzahl der Versuche und der Trefferwahrscheinlichkeit.

3.1.3 Satz (Erwartungswert der Binomialverteilung)

Es ist eine binomialverteilte Zufallsgröße X gegeben. So gilt für ihren Erwartungswert $\mathcal{E}X$:

$$\mathcal{E}X = n \cdot p \qquad [7]$$

Neben dem Erwartungswert gibt es eine zweite charakteristische Kenngröße, die eine WK-Verteilung beschreibt: die Varianz. Sie gibt an, wie weit die einzelnen Werte vom Erwartungswert gestreut sind.

3.1.4 Definition (Varianz)

Es sind eine diskrete Zufallsvariable X mit deren Werten x_i und den zugehörigen Wahrscheinlichkeiten p_i und dessen Erwartungswert $\mathcal{E}X$ gegeben. So gilt für ihre Varianz:

$$\sigma^2 = Var(X) = \sum_{i=1}^{n}(x_i - \mathcal{E}X)^2 \cdot p_i = \mathcal{E}X^2 - (\mathcal{E}X)^2$$

Für die Standardabweichung gilt: $\sigma = \sqrt{Var(X)}$ [8]

---

[5] Stochastik Leistungskurs, S.172
[6] Stochastik Leistungskurs, S.205
[7] vgl. "Stochastik Leistungskurs", Seite 240

Dabei bedeutet "$\mathcal{E}X^2$", dass man den Wert der Zufallsvariable quadriert und dann mit der zugehörigen Wahrscheinlichkeit multipliziert. Aus dieser Definition wollen wir nun die Varianz einer binomialverteilte Zufallsgröße X bestimmen.

$$Var(X) = \mathcal{E}X^2 - (\mathcal{E}X)^2 = \sum_{k=0}^{n} k^2 \cdot \frac{n!}{k! \cdot (n-k)!} \cdot p^k \cdot (1-p)^{n-k} - (n \cdot p)^2$$

Da für $k = 0$ das gesamte Produkt gleich Null ist, kann man auch schreiben:

$$\sum_{k=1}^{n} k^2 \cdot \frac{n}{k} \binom{n-1}{k-1} \cdot p \cdot p^{k-1} \cdot (1-p)^{n-k} - n^2 p^2 =$$

$$n \cdot p \cdot [\sum_{k=1}^{n-1} k \cdot \binom{n-1}{k-1} \cdot p^{k-1} \cdot (1-p)^{n-k} - n \cdot p] = \qquad |l = k - 1 \;\to\; k = l + 1$$

$$n \cdot p \cdot [\sum_{l=0}^{n-1} (l + 1) \cdot \binom{n-1}{l} \cdot p^l \cdot (1-p)^{n-l-1} - n \cdot p] =$$

Nun multiplizieren wir den ersten Faktor aus.

$$n \cdot p \cdot [\underbrace{\sum_{l=0}^{n-1} l \cdot \binom{n-1}{l} \cdot p^l \cdot (1-p)^{n-1-l}}_{=(n-1)\cdot p\ nach\ 3.1.3} + \underbrace{\sum_{l=0}^{n-1} \binom{n-1}{l} \cdot p^l \cdot (1-p)^{n-1-l}}_{=1\ nach\ 2.2} - n \cdot p] =$$

$$n \cdot p \cdot [(n - 1) \cdot p + 1 - n \cdot p] = n \cdot p \cdot [n \cdot p - p + 1 - n \cdot p] = n \cdot p \cdot (1-p) = Var(X)$$

3.1.5 Satz (Varianz der Binomialverteilung)

Es ist eine binomialverteilte Zufallsvariable X gegeben, so gilt für ihre Varianz:

$$Var(X) = \sigma^2 = n \cdot p \cdot (1-p)$$

Und so gilt auch für die Standardabweichung: $\sigma = \sqrt{n \cdot p \cdot (1-p)}$ [9]

Zuletzt werden wir noch die Rekursionsformel für die Binomialverteilung aufstellen, da wir diese später noch gebrauchen werden.

$$B(n; p; k + 1) = x \cdot B(n; p; k)$$

$$x = \frac{B(n;p;k+1)}{B(n,p;k)}$$

$$x = \frac{n! \cdot k! \cdot (n-k)!}{n! \cdot (k+1)! \cdot (n-k-1)!} \cdot \frac{p^{k+1}}{p} \cdot \frac{(1-p)^{n-k-1}}{(1-p)^{n-k}} =$$

$$x = \frac{n-k}{k+1} \cdot \frac{p}{1-p}$$

3.1.6 Satz (Rekursion der Binomialverteilung)

$$B(n; p; k + 1) = \frac{n-k}{k+1} \cdot \frac{p}{1-p} \cdot B(n; p; k) \quad [10]$$

Da im Seminar und in der 12. Klasse die Binomialverteilung schon sehr genau besprochen wird, soll das Augenmerk in dieser Arbeit eher auf die noch unbekannten Verteilungen fallen.

---

[8] vgl. "Stochastik Leistungskurs", Seite 180f und 207
[9] vgl. http://www.gbraemik.de/mathe/BinomialverteilungErwartungswertVarianz.pdf, Seite 2
[10] eigene Herleitung

Deshalb wird ihre Anwendung, die nichtsdestotrotz sehr weitrechend und bedeutend ist, nur kurz erläutert. Mittels ihrer Formel kann man die Wahrscheinlichkeit für ganz banale Dinge, wie z.B. die Wahrscheinlichkeit, bei n Versuchen mindestens k Sechser zu würfeln, berechnen. Aber auch komplexere Vorgänge wie der Gesamtschadensverlauf bei einer Versicherung und dessen Risiko kann durch diese WK-Verteilung kalkuliert werden. Ein dazugehöriges Beispiel ist, dass von n Kunden k Versicherte einen Schaden haben, welcher mit einer Wahrscheinlichkeit von p jeweils eintritt. Dabei muss ein ungefährer Wert für p empirisch ermittelt werden. [11]

2. Die Hypergeometrische-Verteilung

a. Eigenschaften und Anwendungsbeispiel

Die Hypergeometrische Verteilung ist sehr stark verwandt mit der zuvor besprochenen Binomialverteilung. Bei dieser waren jedoch die Ereignisse voneinander unabhängig. Diese Bedingung ändern wir nun und setzen abhängige Ereignisse voraus. Der Grundgedanke bleibt aber der gleiche.
Im Urnenmodell wird diese Verteilung mit dem Ziehen ohne Zurücklegen gleichgestellt.
Sie ist so logisch durch einfache kombinatorische Mittel herzuleiten.

3.2.1 Definition (Hypergeometrische Verteilung)

Es ist eine diskrete Zufallsvariable X gegeben. Dann ist sie hypergeometrisch verteilt, wenn gilt:

$$P(X = k) = H_{N,K,n}(X = k) = \frac{\binom{K}{k} \cdot \binom{N-K}{n-k}}{\binom{N}{n}}$$

Dabei stellt N die Grundgesamtheit der Urne dar, n die Anzahl der zuziehenden Kugeln, K die Anzahl aller Kugeln erster Sorte und k die zu ziehenden Kugeln erster Sorte. [12]

Falls man mehrere Sorten an Kugeln hat, kann man diese Verteilung verallgemeinern zur sog. multivariaten Hypergeometrischen Verteilung. Diese Erweiterung ist ganz einfach zu verstehen, wenn man die zugehörige Formel sieht.

$$H_{N,K,n}(k_1, k_2, \ldots, k_j) = \frac{\binom{K_1}{k_1} \cdot \binom{K_2}{k_2} \cdots \binom{K_j}{k_j}}{\binom{N}{n}}$$

Dabei stellt K die Menge aller j verschiedenen Sorten dar. [13]

---

[11] vgl. www.klaus-gach.de/dateien/vers/binom01.doc
[12] vgl. "Stochastik Leistungskurs" Seite 233

Um jetzt den Erwartungswert der einfachen Hypergeometrischen Verteilung zu berechnen, verwenden wir folgenden Ansatz. Wir gehen wieder auf unsere Urne zurück mit N Kugeln, davon sind K weiß und N-K schwarz. Dabei betrachten wir aber nur eine markierte weiße Kugel und berechnen die Wahrscheinlichkeit, diese bei n Zügen ohne Zurücklegen zu ziehen. Diese Berechnung geht nach der Einführung der Hypergeometrischen Verteilung einfach.

$$P(k=1) = \frac{\binom{1}{1} \cdot \binom{N-1}{n-1}}{\binom{N}{n}} = \frac{\binom{N-1}{n-1}}{\frac{N}{n}\binom{N-1}{n-1}} = \frac{n}{N}$$

Nun führen wir K sog. Indikatorvariablen ein, das bedeutet, dass diese je nach Ausgang des Ereignisses immer den Wert Eins oder Null hat. Für unsere Indikatorvariable X_i für $i = 1, \ldots, K$ gilt:

$$X_i = \begin{cases} 1 & \text{wenn } i - \text{te Kugel gezogen wird} \\ 0 & \text{wenn } i - \text{te Kugel nicht gezogen wird} \end{cases}$$

So gilt nach Definition für den Erwartungswert:

$$\mathcal{E}X_i = \sum_i x_i \cdot P(X=i) = 1 \cdot \frac{n}{N} + 0 \cdot P(X=0) = \frac{n}{N}$$

Bei K weißen Kugeln und somit K Indikatorvariablen gilt dann für deren Erwartungswert:

$$\sum_{i=1}^{K} \mathcal{E}X_i = \mathcal{E}(X_1 + \cdots + X_K) = K \cdot \frac{n}{N}$$

Somit haben wir den Erwartungswert für K weiße Kugeln berechnet.

3.2.2 Satz (Erwartungswert der Hypergeometrischen Verteilung)

Es ist eine hypergeometrisch-verteilte Zufallsgröße X gegeben. Dann gilt für ihren Erwartungswert $\mathcal{E}X$:

$$\mathcal{E}X = \frac{n \cdot K}{N} \quad [14]$$

Die Herleitung des Erwartungswerts war sehr elegant. Jedoch ist der Beweis der Varianz genau das Gegenteil und es bedarf viel Rechenaufwand. Deswegen wird auf diesen verzichtet.

3.2.3 Satz (Varianz der Hypergeometrischen Verteilung)

Es ist eine hypergeometrisch-verteilte Zufallsgröße X gegeben. Dann gilt für ihren Varianz:

$$Var(X) = \frac{n \cdot K}{N} \cdot \left(1 - \frac{K}{N}\right) \cdot \frac{N-n}{N-1}$$

Ein Anwendungsbeispiel für diese Wahrscheinlichkeitsfunktion ist die Verteilung der Trümpfe beim Schafkopfen. Wenn man das Sau-Spiel als Beispiel nimmt, stellt das gesamte

---

[13] vgl. https://de.wikipedia.org/wiki/Multivariate_hypergeometrische_Verteilung
[14] vgl. http://mathe.wikidot.com/hypergeometrische-verteilung, (23)-(28)

Kartendeck den Parameter N dar. Jeder bekommt acht Karten, also $n = 8$. Desweiteren gibt es beim Sau-Spiel 14 Trümpfe ($\rightarrow K = 14$). So kann man nun ganz einfach den Erwartungswert der Trümpfe ausrechnen:

$$\mathcal{E}X = \frac{n \cdot K}{N} = \frac{8 \cdot 14}{32} = 3,5$$

Also muss man deutlich mehr als 3,5 Trümpfe haben, um gute Chancen für einen Sieg zu haben. Deshalb gibt es beim Schafkopfen die Faustformel, dass 5 Trümpfe für ein Sau-Spiel ausreichen. Dabei helfen einem aber beispielsweise eine Herz-Sieben, -Acht, -Neun und eine Herz-Sau auch nicht weiter. Deswegen führen wir eine zusätzliche Voraussetzung ein, noch einen Ober auf der Hand zu haben. Wir berechnen jetzt die Summe der Wahrscheinlichkeiten A und B. Dabei ist A das Ereignis für 4 Trümpfe (außer Ober) und einen Ober und B das Ereignis für 3 Trümpfe (außer Ober) und zwei Ober.

$$P(A) + P(B) = \frac{\binom{4}{1} \cdot \binom{10}{4} \cdot \binom{18}{3}}{\binom{32}{8}} + \frac{\binom{4}{2} \cdot \binom{10}{3} \cdot \binom{18}{3}}{\binom{32}{8}} = 12,1\%$$

Mehr Trümpfe oder mehr Ober machen keinen Sinn, in die Rechnung einfließen zu lassen, da man sonst ggf. ein Herz-Solo anstatt einem Sau-Spiel spielen könnte. So hat man bei knapp jedem achtem Spiel eine sehr gute Chance, mit einem Sau-Spiel zu gewinnen.

Ein weiteres Anwendungsbeispiel ist das Lotto-Spiel. [15]

b.   Approximation durch die Binomialverteilung

Bei der Einführung der Hypergeometrischen Verteilung wurde schon erwähnt, dass diese sehr verwandt mit der Binomialverteilung ist. Der einzige Unterschied ist die Abhängigkeit bzw. Unabhängigkeit. Das Beispiel der Urne veranschaulicht dies immer sehr gut. Bei dem Ziehen aus der Urne mit Zurücklegen sind die einzelnen Züge eben unabhängig voneinander und somit braucht man die Binomialverteilung. Beim Ziehen ohne Zurücklegen ist die Hypergeometrische Verteilung die passende Verteilung. Die Überlegung ist jetzt aber, ob es nicht "irgendwann egal" ist, mit welcher Verteilung man rechnet, falls man eine sehr große Anzahl an Kugeln in der Urne hat und dabei eben eine vergleichsweise sehr kleine Anzahl nur von diesen nimmt. Als Beispiel ist eine Urne gegeben mit 1000 Kugeln (500 gelbe, 500 schwarze Kugeln). Dabei ziehen wir zweimal aus dieser und berechnen die Wahrscheinlichkeiten für das Ziehen einer gelben Kugel durch beide WK-Verteilungen. Unsere Vermutung ist, dass die beiden Wahrscheinlichkeiten kaum unterscheidbar sind, da es praktisch egal ist, ob man beim 2.Zug aus einer Grundgesamtheit von 1000 Kugeln($\rightarrow$ Ziehen mit Zurücklegen) oder von 999 Kugeln($\rightarrow$ Ziehen ohne Zurücklegen) zieht.

---

[15] selbst gewählte Beispiele

$$B_{2,0.5}(k = 1) = \binom{2}{1} \cdot 0.5^1 \cdot 0.5^1 = 0.5$$

$$H_{1000,500,2}(k = 1) = \frac{\binom{500}{1} \cdot \binom{500}{1}}{\binom{1000}{2}} = 0.5005$$

So kann man schon erkennen, dass der prozentuale Fehler minimal ist und 0,1% beträgt. So ist diese Approximation schon nahezu perfekt. Jedoch haben wir gleich mehrere Voraussetzungen auf einmal genutzt und uns so eine "perfekte" Urne geschaffen. Deswegen müssen wir unsere Überlegung weiterführen. Denn es ist zudem zu beachten, dass bei der Binomialverteilung die Wahrscheinlichkeit für einen Treffer bzw. für einen Nicht-Treffer konstant ist. Da dies bei der Hypergeometrischen Verteilung nicht der Fall ist, muss der Unterschied der Wahrscheinlichkeiten wenigstens so klein sein, damit diese Änderung nicht zahlenmäßig auffällt. Das bedeutet nun, auf die Urne bezogen, dass die Anzahl der zuziehenden gelben Kugeln genügend klein sein muss im Vergleich zur Grundgesamtheit der gelben Kugeln, damit sich die Wahrscheinlichkeit nach einer gezogenen gelben Kugel nicht groß verändert. Dasselbe gilt für die schwarzen Kugeln und deren Grundgesamtheit. Sodass drei Voraussetzungen für eine brauchbare Näherung der Hypergeometrischen Verteilung entstehen:

> ➢ n ist klein gegen N
> ➢ k ist klein gegen K
> ➢ n-k ist klein gegen N-K [16]

Eine oft benutzte Faustformel in der Literatur, die sich aber nur auf die erste Voraussetzung bezieht, lautet:

$$\frac{n}{N} \leq 0.05 \quad [17]$$

3. Die Poisson-Verteilung

a. Herleitung und Eigenschaften

Nun wollen wir eine Grenzverteilung der Binomialverteilung herleiten, die man nur für bestimmte Ereignisse anwenden darf. Die Idee ist dabei eine Modellierung für seltene Ereignisse.

So lauten die Bedingungen:

> ➢ $n \to \infty$
> ➢ $p \to 0$

---

[16] vgl. "Elementare Stochastik", Seite 169
[17] vgl. "Statistik: Der Weg zur Datenanalyse", Seite 320

$$\binom{n}{k} \cdot p^k \cdot (1-p)^{n-k} = \frac{n!}{k! \cdot (n-k)!} \cdot \left(\frac{E(X)}{n}\right)^k \cdot \left(1 - \frac{E(X)}{n}\right)^{n-k} =$$

$$\underbrace{\frac{n \cdot (n-1) \cdot \ldots \cdot (n-k+1)}{n^k}}_{k \, Faktoren} \cdot \frac{(n \cdot p)^k}{k!} \cdot \left(1 - \frac{n \cdot p}{n}\right)^n \cdot \left(1 - \frac{n \cdot p}{n}\right)^{-k} =$$

$$\frac{n}{n} \cdot \frac{n-1}{n} \cdot \ldots \cdot \frac{n-k+1}{n} \cdot \frac{(n \cdot p)^k}{k!} \cdot \left(1 - \frac{n \cdot p}{n}\right)^n \cdot \left(1 - \frac{n \cdot p}{n}\right)^{-k} =$$

$$\lim_{\substack{n \to \infty \\ p \to 0}} \frac{n}{n} \cdot \frac{n-1}{n} \cdot \ldots \cdot \frac{n-k+1}{n} \cdot \frac{(n \cdot p)^k}{k!} \cdot \left(1 - \frac{n \cdot p}{n}\right)^n \cdot \left(1 - \frac{n \cdot p}{n}\right)^{-k} = 1 \cdot 1 \cdot \ldots \cdot 1 \cdot \frac{(n \cdot p)^k}{k!} \cdot e^{-n \cdot p} \cdot 1$$

3.3.1 Definition (Poisson-Verteilung)

Es ist eine diskrete Zufallsgröße X gegeben. Dann ist sie poisson-verteilt, wenn gilt:

$$P(X = k) = Poi_\lambda(X = k) = \frac{\lambda^k}{k!} \cdot e^{-\lambda}$$

Dabei stellt der Parameter $\lambda \in \mathbb{R}^+$ den Erwartungswert (siehe Herleitung) und die Variable k die Anzahl der eintretenden Ereignisse dar. [18]

Um nun die Varianz zu berechnen, nehmen wir die dazugehörige Formel nach (3.1.4):

$$\sum_{k=0}^{\infty} k^2 \cdot \frac{\lambda^k}{k!} \cdot e^{-\lambda} - \lambda^2$$

Für $k = 0$ ergibt der vordere Ausdruck 0, also kann man auch schreiben:

$$\sum_{k=1}^{\infty} k^2 \cdot \frac{\lambda^k}{k!} \cdot e^{-\lambda} - \lambda^2 = \sum_{k=1}^{\infty} k^2 \cdot \frac{\lambda \cdot \lambda^{k-1}}{k \cdot (k-1)!} \cdot e^{-\lambda} - \lambda^2 =$$

$$\sum_{k=1}^{\infty} k \cdot \lambda \cdot \frac{\lambda^{k-1}}{(k-1)!} \cdot e^{-\lambda} - \lambda^2 = \lambda \cdot \sum_{k=1}^{\infty} k \cdot \frac{\lambda^{k-1}}{(k-1)!} \cdot e^{-\lambda} - \lambda^2 = \qquad |l = k - 1 \to k = l + 1$$

$$\lambda \cdot \sum_{l=0}^{\infty} (l+1) \cdot \frac{\lambda^l}{l!} \cdot e^{-\lambda} - \lambda^2 =$$

$$\lambda \cdot \left(\underbrace{\sum_{l=0}^{\infty} l \cdot \frac{\lambda^l}{l!} \cdot e^{-\lambda}}_{=EX=\lambda} + \underbrace{\sum_{l=0}^{\infty} \frac{\lambda^l}{l!} \cdot e^{-\lambda}}_{=1 \, nach \, 2.2} \right) - \lambda^2 =$$

$$\lambda \cdot (\lambda + 1) - \lambda^2 = \lambda^2 + \lambda - \lambda^2 = \lambda = Var(X)$$

3.3.2 Satz (Varianz der Poisson-Verteilung)

Es ist eine poisson-verteilte Zufallsvariable X gegeben. So gilt für ihre Varianz:

$$Var(X) = \lambda \quad [19]$$

---

[18] vgl. "Stochastik Leistungskurs", Seite 320f
[19] vgl. http://www.poissonverteilung.de/beweise/poissonverteilung-varianz.html

b.   Poisson-Approximation bei binomialverteilte Zufallsgrößen

Die Poisson-Verteilung haben wir durch die Grenzwertbetrachtung für $n \to \infty$ und $p \to 0$ der Binomialverteilung hergeleitet. Diese Berechnung bedeutet auch, dass unter bestimmten Bedingungen die Werte der beiden Verteilungen nahezu übereinstimmen. Wann das der Fall ist und was dies bringt, soll im Folgenden diskutiert werden.

Es ist sehr hilfreich, dass es eine solche Approximation gibt, da das Rechnen mit der Binomialverteilung schwer ist, speziell, wenn die Anzahl n der Versuche sehr groß ist. Schuld daran ist der Binomialkoeffizient, der aus drei Fakultäten besteht, die alle sehr schnell sehr groß werden. In solchen Fällen ist einem meist, nur noch mit einem Computer oder vielleicht noch mit passenden Tabellen zu helfen. Desweiteren braucht man bei der Poisson-Verteilung lediglich den Erwartungswert als gegebenen Parameter, der zudem noch relativ leicht zu schätzen ist. Bei der Binomialverteilung hat man dagegen zwei Parameter, die man ermitteln muss. Nichtsdestotrotz gibt es diverse Bedingungen, die die binomialverteilte Zufallsgröße erfüllen muss, um eine brauchbare Näherung zu erlangen.

> Natürlich gilt laut Herleitung: $n \to \infty$, $p \to 0$ und $\mathcal{E}X = n \cdot p = const.$

> $k \le n$, da $B(n; p; k > n) = 0$ und $P(k; \lambda) = \frac{\lambda^k}{k!} \cdot e^{-\lambda} > 0$ für alle $k > 0$

> Es gilt sogar: $k \ll n$, da $n \cdot (n-1) \cdot \ldots \cdot (n-k+1) \approx n^k$ gelten soll (s.Herleitung). Dabei sind die letzteren Faktoren entscheidend, die ungefähr n betragen müssen, was nur der Fall ist, wenn k genügend klein im Vergleich zu n ist.

> Desweiteren gilt für k: $|k - \mathcal{E}X| \ll n$

> Außerdem soll $E(X) \ll n$ gelten, da p gegen 0 streben soll. Wenn E(X) aber groß ist, kann dies nicht passieren, da zudem $p = \frac{E(X)}{n}$ gilt. [20]

Eine eindeutige Faustformel für die beiden WK-Verteilungen gibt es leider nicht, da jede Literaturquelle eine andere Güte der Approximation voraussetzt. Ein Beispiel wäre aber, dass $n \ge 30$ und $p \le 0,05$ ist.[21]

Das folgende Diagramm [22] zeigt nochmal anschaulich, dass es eben nicht reicht, die Bedingungen für die Anzahl der Versuche und für die Trefferwahrscheinlichkeit zu erfüllen, was auch vierte Voraussetzung aussagt. So hängt der Fehler eben auch von der Lage der Zufallsvariable k im Vergleich mit dem Erwartungswert $\mathcal{E}X$ ab. In dieser Nähe ist der

---

[20] vgl. "Stochastik Leistungskurs", Seite 320f
[21] vgl. "Statistik: Der Weg zur Datenanalyse", Seite 320

[22] selbst erstelltes Diagramm auf Microsoft Excel 2007, Datei: "Poisson-Approximation"

prozentuale Fehler minimal und je weiter man sich von diesem Wert entfernt, desto mehr steigt wiederum der Unterschied der beiden WK-Verteilungen an.

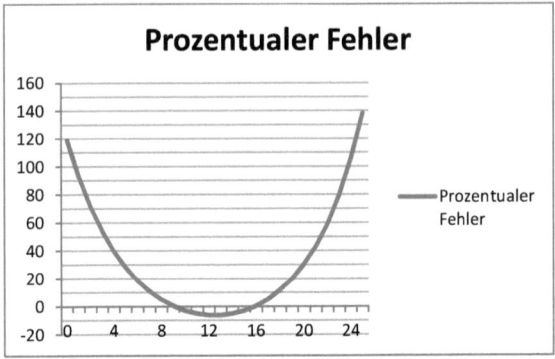

Prozentualer Fehler

2 Prozentualer Fehler der Poisson-Approximation für $B_{100,0.12}(X = k)$, $Poi_{12}(X = k)$ und $\mathcal{E}X = 12$

c. Poisson-verteilte Zufallsgrößen

Die Poisson-Verteilung wird aber nicht nur als Approximation für die Binomialverteilung angewandt. Sie ist auch eine eigenständige WK-Verteilung, durch die sogar gewisse Vorgänge aus der Natur bzw. aus dem Alltag beschrieben werden können.

Die vorherigen WK-Verteilungen hatten einen begrenzten Definitionsbereich. Im Urnenmodell war diese obere Grenze die Anzahl n der Kugeln. Das Ergebnis gab die Wahrscheinlichkeit für eine bestimmte Anzahl an Treffern an. Die Poisson-Verteilung ist dagegen vom Ansatz her komplett verschieden. Sie "zählt" bestimmte Ereignisse und gibt dann die Wahrscheinlichkeit für das Eintreten einer gewissen Anzahl dieser Ereignisse in einem bestimmten Intervall an. Die Anzahl ist nicht nach oben begrenzt und genau deswegen ist die Poisson-Verteilung auch auf allen Natürlichen Zahlen definiert.

Solche Zählvorgänge findet man zum Beispiel im Versicherungswesen wieder, wenn man die Schadensmeldungen in einem Jahr untersucht oder im Bankwesen bei den Kreditanfragen pro Monat.

Um solche Ereignisse mit der Poisson-Verteilung beschreiben zu können, müssen sie diverse Voraussetzungen erfüllen:

> Zwei Ereignisse dürfen nicht gleichzeitig eintreffen
> Die Wahrscheinlichkeit, dass ein Ereignis im Intervall Δt eintrifft, beträgt $\lambda \cdot \Delta t$. Dabei stellt λ einen **Parameter** dar, den man auch als Intensitätsrate bezeichnet.

> Diese Wahrscheinlichkeit ist nur abhängig von der Länge des Intervalls und nicht vom Zeitpunkt des Eintretens im jeweiligen Intervall

> Die Anzahlen von Ereignissen in zwei disjunkten Intervallen sind unabhängig

Wenn all diese Bedingungen gegeben sind, kann man durch die Poisson-Verteilung die Wahrscheinlichkeit für das Eintreten einer bestimmten Anzahl an Ereignissen berechnen. Somit spielt auch diese WK-Verteilung eine große Rolle in der Stochastik und ist auch im Berufsalltag vielfach anwendbar.[23]

4.   Die Normalverteilung

a.   Herleitung durch den lokalen Grenzwertsatz von Moivre-Laplace

Nun widmen wir uns der vielleicht wichtigsten WK-Verteilung, die es gibt: Der Normalverteilung. Warum sie eine so besondere Ausnahmestellung einnimmt, wird auch noch im Folgenden besprochen. Zunächst wollen wir diese aber erst herleiten.

Ausgangspunkt ist, wie bei der Poisson-Verteilung, die Binomialverteilung. Nun wollen wir aber die Überlegung der zuvor besprochenen Approximation verallgemeinern. So ist unsere Bedingung nicht mehr das "seltene" Ereignis ($n \to \infty$; $p \to 0$), sondern wir setzten nur sehr viele Versuche voraus ($n \to \infty$). Um diese Grenzwertberechnung durchführen zu können, müssen wir zuvor noch ein bisschen Vorarbeit leisten.

3.4.1 Definition (standardisierte Zufallsgröße)

Eine Zufallsgröße X mit Erwartungswert μ und Standardabweichung σ ist gegeben. So lautet ihre standardisierte Zufallsgröße Z:

$$Z = \frac{X-\mu}{\sigma}$$

Das bedeutet, dass die Zufallsgröße Z in die Mitte verschoben wurde, sie wurde zentriert. Also hat sie den Erwartungswert $\mu = 0$. Außerdem kann man zeigen, dass die Standardabweichung $\sigma = 1$ ist. Die weiteren Auswirkungen kann man sehr gut im folgendem Schaubild[24] erkennen.

Da alle Werte für k sich ändern, wird die Rechtecksbreite im zugehörigen Histogramm auch verändert. Sie entsprach zuvor immer eins. Die neue Rechtecksbreite beträgt nun $\frac{1}{\sigma}$. Da aber die Rechtecksfläche ein Maß für die Wahrscheinlichkeit ist, das nicht verändert werden darf, muss die Höhe sich um genau denselben Faktor verändern. Also entspricht die Höhe $\sigma \cdot p$.

---

[23] vgl. "Statistik: Der Weg zur Datenanalyse", Seite 260-263
[24] "Stochastik Leistungskurs", Seite 281

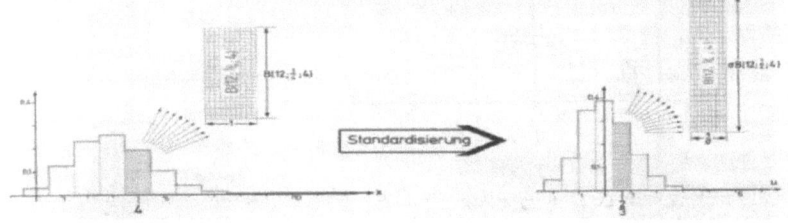

3 Wahrscheinlichkeitshistogramm und dessen Standardisierung für μ=3 und σ=1,5

Der Vorteil an standardisierten Zufallsvariablen ist, dass man sie ganz einfach miteinander vergleichen kann, da sie den gleichen Erwartungswert als auch die gleiche Standardabweichung haben. [25]

Nun wollen wir eine Approximation für die Binomialverteilung und somit die Normalverteilung herleiten. Wir haben die Binomialverteilung $B_{n,p}(X = k)$ gegeben. Zunächst einmal werden wir diese standardisieren. Unsere neue Dichtefunktion bezeichnen wir als φ_n. Außerdem setzen wir voraus, dass die Grenzfunktion differenzierbar ist.

Unser Ansatz besteht nun darin, ein sog. Wahrscheinlichkeitspolygon m_n über φ_n zu ziehen (siehe Schaubild [26]).

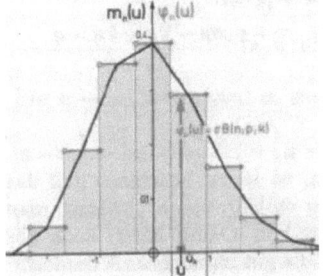

4 Standardisierte Dichtefunktion φ_n und dessen Polygonzug m_n

Das bedeutet, dass wir jeweils die Mitten der Rechtecke miteinander verbinden. Somit bekommt man schon eine grobe Annäherung der Normalverteilung. Man kann sich denken, dass wenn n gegen unendlich strebt, werden m_n und φ_n gegen die gleiche Grenzfunktion φ konvergieren. Unser Ziel ist, die Steigung an einer bestimmten Stelle u zu bestimmen. Da wir φ aber nicht kennen, berechnen wir die Sekantensteigung bei m_n und lassen dabei n gegen unendlich laufen.

$$\frac{\Delta m_n(u)}{\Delta u} = \frac{m_n(u_{k+1}) - m_n(u_k)}{u_{k+1} - u_k}$$

Da m_n standardisiert ist, können wir auch schreiben:

$$\frac{\Delta m_n(u)}{\Delta u} = \frac{\sigma \cdot B(n;p;k+1) - \sigma \cdot B(n;p;k)}{\frac{1}{\sigma}} = \sigma^2 \cdot [B(n;p;k+1) - B(n;p;k)]$$

Unter Verwendung der Rekursionsformel (3.1.6):

$$\frac{\Delta m_n(u)}{\Delta u} = \sigma^2 \cdot [\frac{n-k}{k+1} \cdot \frac{p}{q} \cdot B(n;p;k) - B(n;p;k)] =$$

---

[25] vgl. "Stochastik Leistungskurs, Seite 278-281
[26] "Stochastik Leistungskurs", Seite 285

$$= \sigma^2 \cdot B(n; p; k) \cdot \left[\frac{(n-k) \cdot p}{(k+1) \cdot q} - 1\right] =$$

$$= \sigma^2 \cdot B(n; p; k) \cdot \frac{np - kp - (kq+q)}{kq+q} =$$

$$= \sigma^2 \cdot B(n; p; k) \cdot \frac{np - k \cdot (p+q) - q}{kq+q} =$$

$$= \sigma^2 \cdot B(n; p; k) \cdot \frac{np - k - q}{kq+q}$$

Zu beachten ist aber noch, dass das Intervall $[u_k; u_{k+1}[$ von n abhängt, da es $\frac{1}{\sigma} = \frac{1}{\sqrt{npq}}$ lang ist. Somit hängt auch das im obigen Term vorkommende k von n ab. Deshalb müssen wir dieses k zunächst einschränken.

$$u_k \leq u < u_{k+1} \quad \leftrightarrow \frac{k-\mu}{\sigma} \leq u < \frac{k+1-\mu}{\sigma} \qquad | \cdot \sigma$$

$$\leftrightarrow k - \mu \leq \sigma \cdot u < k + 1 - \mu \qquad | - \sigma u - k$$

$$\leftrightarrow -\mu - \sigma u \leq -k < 1 - \mu - \sigma u \qquad | \cdot (-1)$$

$$\leftrightarrow \mu + \sigma u - 1 < k \leq \mu + \sigma u$$

$$\leftrightarrow np + u \cdot \sqrt{npq} - 1 < k \leq np + u \cdot \sqrt{npq}$$

Somit ist nun für ein festgelegtes u eine Doppelungleichung gegeben, die das k eindeutig bestimmt, da das Intervall die Länge 1 hat und $k \in \mathbb{N}_0$. Also gilt:

$$k = \mu + \sigma u - h \; \text{für } 0 \leq h < 1$$

Betrachten wir nochmal die letzte Gleichung für $\frac{\Delta m_n(u)}{\Delta u}$, können wir den Faktor $\sigma \cdot B(n; p; k)$ mit $m_n(u_k)$ und den Faktor k mit $\mu + \sigma u_k$ ersetzten. So erhalten wir:

$$\frac{\Delta m_n(u)}{\Delta u} = \sigma \cdot m_n(u_k) \cdot \frac{n \cdot p - \mu - \sigma \cdot u_k - q}{(\mu + \sigma u_k) \cdot q - q} =$$

$$= m_n(u_k) \cdot \frac{-\sigma^2 \cdot u_k - \sigma \cdot q}{\mu \cdot q + \sigma \cdot q \cdot u_k + q}$$

$$= m_n(u_k) \cdot \frac{-\sigma^2 \cdot u_k - \sigma \cdot q}{\sigma^2 + \sigma \cdot q \cdot u_k + q}$$

$$= m_n(u_k) \cdot \frac{\sigma^2 \cdot (-u_k - \frac{q}{\sigma})}{\sigma^2 \cdot (1 + \frac{u_k \cdot q}{\sigma} + \frac{q}{\sigma^2})}$$

$$= m_n(u_k) \cdot \frac{-u_k - \frac{q}{\sigma}}{1 + \frac{u_k \cdot q}{\sigma} + \frac{q}{\sigma^2}}$$

Für $n \to \infty$ konvergiert σ bzw. σ^2 gegen unendlich, da $\sigma = \sqrt{npq}$ ist. Somit gilt dann:

$$\frac{\Delta m_n(u)}{\Delta u} = m_n(u_k) \cdot (-u_k)$$

Außerdem gilt: $u_k \to u$ für $n \to \infty$

$$|u - u_k| = \left| u - \frac{\sigma u + \mu - h - \mu}{\sigma} \right| = \left| u - \frac{\sigma u}{\sigma} - \frac{-h}{\sigma} \right| = \left| -\frac{-h}{\sigma} \right| \leq \frac{1}{\sigma} = \frac{1}{\sqrt{npq}} \xrightarrow[n \to \infty]{} 0$$

Die Intervalllänge ist $\frac{1}{\sigma}$ aufgrund der Standardisierung. Dieses Intervall wird unendlich klein werden. Da aber $h \in \,]0;1]$ ist, wird es nie größer als das Intervall werden. Somit ist bewiesen, dass u_k gegen u konvergieren wird.

So gilt dann für die Steigung der Grenzfunktion φ:

$$\varphi' = \varphi \cdot (-u)$$

$$\frac{\varphi\prime}{\varphi} = -u$$

Dies ist eine lösbare und relativ einfache Differentialgleichung. Leiten wir diese auf, so gilt:

$$ln|\varphi(u)| = -\frac{1}{2} \cdot u^2 + c$$

Nehmen wir diese Gleichung noch in den Exponenten von der e-Funktion, sind wir fast am Ziel:

$$\varphi(u) = e^{-0,5u^2} \cdot C$$

Nun ist unsere Grenzfunktion bekannt bis auf den Faktor C. Dieser ist zwingend zu beachten aufgrund von (2.2). So muss gelten:

$$C \cdot \int_{-\infty}^{\infty} e^{-0,5u^2} = 1$$

So brauchen wir noch die Fläche der Grenzfunktion, um den Faktor C zu berechnen.

$$C = \frac{1}{\int_{-\infty}^{\infty} e^{-0,5u^2}} {}^{27}$$

Diese folgende Flächenberechnung soll zeigen, dass ein Integral nicht immer durch die zugehörige Stammfunktion berechnet werden kann, da es in manchen Fällen wie hier einfach keine Stammfunktion gibt. So ist der Ansatz, dass wir unsere Funktion quadrieren, einen 3-dimensionalen Graphen schaffen und davon das Integral, also das Volumen bestimmen.

$$I = \int_{-\infty}^{\infty} e^{-0,5x^2}$$

$$I^2 = \int_{-\infty}^{\infty} e^{-0,5x^2}\, dx \cdot \int_{-\infty}^{\infty} e^{-0,5y^2} dy$$

$$I^2 = \int_{-\infty}^{\infty} \int_{-\infty}^{\infty} e^{-0,5x^2} \cdot e^{-0,5y^2} dx\, dy = \int_{-\infty}^{\infty} \int_{-\infty}^{\infty} e^{-0,5 \cdot (x^2+y^2)} dx\, dy$$

Solche sog. zweifachen Integrale sind genauso zu lösen wie einfache. Man berechnet zunächst das erste Integral mit der jeweiligen Integrationsvariablen (Reihenfolge in unserem Fall egal) und behandelt die andere Variable wie eine Konstante. Die Lösung wird dann anschließend nach der anderen Integrationsvariablen aufgeleitet und schließlich so das zweite Integral berechnet. Dieses Ergebnis ist dann letztlich das Volumen des 3D-Graphen.[28]

---

[27] vgl."Stochastik Leistungskurs", Seite 284-287
[28] vgl."Einführung in die Höhere Mathematik", Seite 338f ; vgl.
http://wandinger.userweb.mwn.de/LA_HM/v2.pdf

Auf dem folgenden Bild [29] ist die Funktion $f(x;y) = e^{-0,5\cdot(x^2+y^2)}$ abgebildet. Dort kann man erkennen, dass eine Radialsymmetrie vorliegt. Bei dieser Symmetrie ist nur der Abstand zum Koordinatenursprung entscheidend für den Funktionswert, und nicht die Drehung um die z-Achse. Somit liegt es sehr nahe, Polarkoordinaten einzuführen. Sie wurden mal kurz in der 10. Klasse besprochen. Bei dieser anderen Art von Koordinaten wird ein Punkt eindeutig durch den Abstand r zum Ursprung und durch den Winkel φ bestimmt. In unserem Fall aber ist der Funktionswert $f(x;y)$ unabhängig von der Rotation um die z-Achse, also hängt unsere durch Polarkoordinaten ausgedrückte Funktion $f(r;\varphi)$ auch nicht von dem Winkel φ ab. Durch das folgende Schaubild [30] wird zudem deutlich, dass man nach Pythagoras die kartesischen Koordinaten $x^2 + y^2$ mit r^2 ersetzen kann. Also gilt:

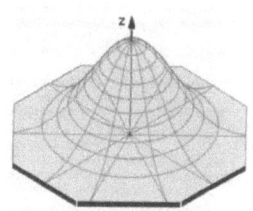

5 Graph der Funktion $f(r;\varphi) = e^{-r^2}$

6 Zusammenhang der kartesischen- und Polarkoordinaten

$$f(r;\varphi) = e^{-r^2}$$

Bei Integralen kann man jedoch nicht so ohne Weiteres von kartesischen- zu Polarkoordinaten wechseln. Bei dieser Transformation der Koordinaten muss noch ein zusätzlicher Faktor r hinzugefügt werden, auf den wir aber nicht genauer eingehen. Zuletzt müssen noch die Integrationsgrenzen verändert werden. Der Abstand r kann natürlich nicht negativ werden, also sind die Grenzen von 0 bis ∞ und der Winkel geht ein Mal im Kreis herum von 0 bis 2π.

$$I^2 = \int_0^{2\pi} \int_0^{\infty} r \cdot e^{-0,5\cdot r^2} dr\, d\varphi$$

Nun brauchen wir noch eine Regel der Integration, um dieses Volumen zu berechnen. Es ist im Grunde die Umkehrung der Kettenregel.

3.4.2 Satz (Integration durch Substitution)

$$\int_a^b f(g(x)) \cdot g'(x)\, dx = \int_{g(a)}^{g(b)} f(u)\, du \qquad {}^{31}$$

Bei dieser Vorgehensweise ersetzt man einfach die innere Funktion durch einen Substituenten und kann so die "neue" Funktion meist leichter integrieren. Bei unserer Funktion sieht man

[29] "Stochastik Leistungskurs", Seite 289
[30] selbst erstellte Abbildung auf GeoGebra
[31] vgl. https://www.youtube.com/watch?v=bqe7Ct14__k , Minute 6:38-15:20

auf einen Blick, dass r die Ableitung vom Exponenten ist. So ersetzen wir diesen mit u und können nach der Formel den Faktor r weglassen.

$$I^2 = \int_0^{2\pi} \int_0^{\infty} e^{-u} \, du \, d\varphi$$

Von dieser Funktion ist es nun möglich und einfach, eine Stammfunktion zu finden.

$$I^2 = \int_0^{2\pi} \lim_{a \to \infty} [-e^{-u}]_0^a \, d\varphi = \int_0^{2\pi} 1 \, d\varphi = [\varphi]_0^{2\pi} = 2\pi$$

Abschließend müssen wir nur noch die Wurzel ziehen, da wir das Integral zuvor quadriert haben.

$$I = \int_{-\infty}^{\infty} e^{-0,5u^2} \, du = \sqrt{2\pi} \quad \text{[32]}$$

So haben wir nun das Integral und somit auch die Fläche unter dem Graphen berechnet. Der Kehrwert dieser Fläche muss zuletzt mit $e^{-0,5x^2}$ multipliziert werden, sodass das zweite Axiom von Kolmogorow gegeben ist.

3.4.3 Definition:

Es ist eine stetige Zufallsvariable X gegeben. Dann ist sie standard-normalverteilt, wenn gilt:

$$P(X = x) = N_{0,1}(x) = \frac{1}{\sqrt{2\pi}} \cdot e^{-0,5 \cdot x^2} \quad \textit{für } \mu = 0 \textit{ und } \sigma = 1 \textit{, sonst:}$$

$$P(X = x) = N_{\mu,\sigma} = \frac{1}{\sigma\sqrt{2\pi}} \cdot e^{-0,5 \cdot (\frac{x-\mu}{\sigma})^2}$$

Die zweite Definition geht auf die Standardisierung zurück.

b. Eigenschaften bei der Näherung der Binomialverteilung

Diese Verteilung kann sehr gut zur Approximation der Binomialverteilung dienen, was ja auch der Ansatz für die Herleitung dieser WK-Verteilung war. Als einzige Bedingung war gegeben, dass die Anzahl n der Versuche gegen Unendlich gehen soll. Dies soll nun noch präzisiert und erweitert werden. Wenn man die Formel für die Normalverteilung betrachtet, kann man aufgrund dem x^2 im Exponenten schließen, dass die WK-Verteilung für alle Werte für x achsensymmetrisch ist. Diese Symmetrie soll die Binomialverteilung auch annähernd erfüllen, um dann gut durch die Normalverteilung approximiert zu werden. Dies ist exakt der Fall, wenn die Trefferwahrscheinlichkeit $p = 0,5$ ist. Falls dem nicht so ist, muss die Anzahl n der Versuche eben umso größer sein, sodass trotzdem eine brauchbare Näherung möglich ist. So entsteht die Faustformel für eine gute Approximation:

$$Var(X) = n \cdot p \cdot (1 - p) \geq 9$$

---

[32] vgl. "Stochastik Leistungskurs", Seite 288f; https://www.youtube.com/watch?v=fWOGfzC3IeY

Die Symmetrie wird durch die Multiplikation der Treffer- mit der Nicht-Trefferwahrscheinlichkeit dargestellt. [33] Ein weiteres Kriterium ist die Entfernung der Zufallsvariable k bzw. x von dem Erwartungswert $\mathcal{E}X$. Dies wird auch im Schaubild [34] deutlich, wo der prozentuale Fehler in Abhängigkeit der Zufallsvariable k dargestellt wird.

Dieser Sachverhalt ist vergleichbar mit der Approximation durch die Poisson-Verteilung, bei der wir dasselbe herausgefunden haben.

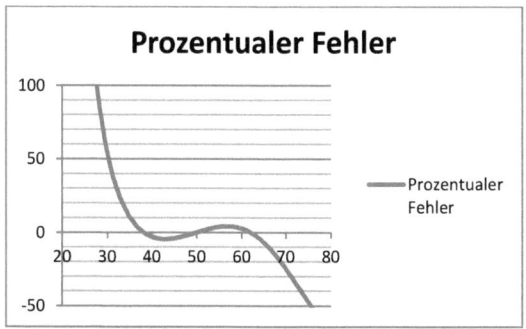

7 Prozentualer Fehler der Normal-Approximation für $B(1000; 0,05; k)$, $N_{50,6,89}$ (X=k) und $\mathcal{E}X = 50$

Meist werden aber in der Anwendung die Wahrscheinlichkeiten für ganze Intervalle benötigt anstatt nur für einzelne Werte. Bei diskreten WK-Verteilungen kann man diese durch Aufsummieren der einzelnen Wahrscheinlichkeitsdichten berechnen. Geometrisch gedeutet, ist das Ergebnis dann die Fläche der Rechtecke im Histogramm. Im stetigen Fall werden diese benötigten Flächen jedoch durch eine andere, neu gelernte Methode berechnet: Das Integral. So muss dann für die Wahrscheinlichkeit eines Intervalls [a;b] gelten:

$$\sum_{k=a}^{b} B(n; p; k) \approx \int_a^b \frac{1}{\sigma\sqrt{2\pi}} \cdot e^{-0,5(\frac{x-\mu}{\sigma})^2} dx$$

Die zugehörige Integralfunktion der Normalverteilung wird in der Literatur meist mit einem Φ bezeichnet.

Wenn man jedoch die Binomialverteilung und eine dazu passende Normalverteilung betrachtet, erkennt man in der nebenstehenden Abbildung [35] recht gut , dass diese Approximation durch das Integral nicht gut ist, da laut den obigen Ausdruck nur bis zu $\frac{b-\mu}{\sigma}$ integriert wird und somit das blau gefärbte Dreieck weggelassen wird. Im Optimalfall soll die Normalverteilung durch die Mitte des Balkens der

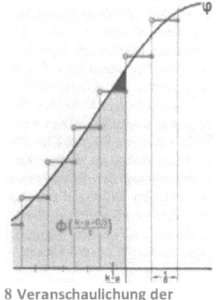

8 Veranschaulichung der Stetigkeitskorrektur

[33] vgl. http://www.cip.ifi.lmu.de/~holleis/files/facharb/Verteilungen.pdf, Seite 55
[34] selbst erstelltes Diagramm auf Microsoft Excel 2007, Datei: "Normal-Approximation"
[35] "Stochastik Leistungskurs", Seite 306 (von mir bearbeitet)

Binomialverteilung laufen. Dieser hat durch die Standardisierung eine Breite von $\frac{1}{\sigma}$. Also

muss noch um die zweite Hälfte des Balkens ($\rightarrow \frac{0,5}{\sigma}$) weiter integriert werden. Diesen

zusätzlichen Summanden nennt man Stetigkeitskorrektur. Denselben Wert muss man bei der

unteren Grenze des Integrals abziehen.[36]

3.4.4 (Integralgrenzwertsatz von de Moivre-Laplace)

$$\sum_{k=a}^{b} B(n; p; k) \approx \Phi\left(\frac{b-\mu+0,5}{\sigma}\right) - \Phi\left(\frac{a-\mu-0,5}{\sigma}\right) \quad [37]$$

c. Zentraler Grenzwertsatz

Nun haben wir bewiesen, dass die Binomialverteilung für $n \rightarrow \infty$ gegen die Normalverteilung konvergiert. Die Rolle dieser Verteilung ist aber bei weitem herausragender. Es gibt in der Natur viele Größen, die normalverteilt sind. Ein Beispiel dafür ist der Intelligenzquotient bei der gesamten Bevölkerung. Sie hat dabei die Parameter $\mu = 100$ und $\sigma = 15$. [38] So kann man dann daraus schließen, ab wann man hochbegabt ist. Man hat festgelegt, dass dies der Fall ist, wenn man zu den "schlausten" 2% der Weltbevölkerung gehört. So muss also gelten:

$$P(X = x) = \frac{1}{15\cdot\sqrt{2\pi}} \cdot e^{\frac{-(x-100)^2}{15}} = 0,98$$

Diesen Wert kann man in den Tabellen der Normalverteilung nachschlagen. Die dazugehörige Tabelle befindet sich im Anhang 1 [39] und der Wert beträgt 2,0537. Da diese Größe standardisiert war, müssen wir dies noch zurückrechnen.

$$2,0537 = \frac{x-100}{15}$$

$$2,0537 \cdot 15 + 100 = x$$

$$x = 130,8$$

So werden Leute mit einem IQ über 130 als hochbegabt angesehen.

Nun stellt sich die Frage, warum genau die Normalverteilung den Intelligenzquotienten beschreibt. Wir werden herausfinden, dass es kein Zufall ist und es viele von solchen Vorgängen in der Natur gibt, die mit der auch genannten Gauß'schen Glockenkurve beschrieben werden können. Es gibt sogar ein mathematisches Gesetz, welches einem erklärt, warum das der Fall ist. Dieses wollen wir im Folgenden herleiten.

---

[36] vgl. "Stochastik Leistungskurs", Seite 306
[37] vgl. "Stochastik Leistungskurs", Seite 296
[38] vgl. https://de.wikipedia.org/wiki/Intelligenzquotient
[39] vgl. http://risk-research.de/fileadmin/user_upload/NV_Quantile.pdf (zugeschnitten)

Dazu untersuchen wir anfangs die Summe der Augen beim Würfeln mit mehreren Laplace-Würfeln. Dabei stellt die Zufallsgröße S_n die Augensumme aller Würfel dar. Desweiteren bedeutet X_i die Augen beim i-ten Würfel. So gilt:

$S_n = \sum_i^n X_i$

Die Ausführung dieses Beispiels findet sich im Anhang 2 [40].

Nachdem man die Diagramme näher betrachtet hat, kann man vermuten, dass die Zufallsgröße S_n bei steigender Zahl der Würfel sich immer mehr der Normalverteilung annähert. Diese Vermutung wollen wir nun mathematisch übersetzten und letztlich auch beweisen.

Es sind n Zufallsgrößen der Form $X_i: \Omega \to \mathbb{Z}$ ($i = 1, 2, \dots, n$) gegeben. Dabei haben alle Werte der Zufallsvariablen X_i die gleiche Wahrscheinlichkeit, sie sind gleichverteilt.

$P(X_i = k) = p_k \, f\ddot{u}r \, k \in \mathbb{Z}$

Außerdem gilt:

$\mathcal{E}X_i = \sum_k k \cdot p_k = 0$ $\qquad\qquad$ $Var(X_i) = \sigma^2 = \sum_k k^2 \cdot p_k > 0$

Die Voraussetzung $\mu = 0$ beschränkt nicht die Allgemeinheit, da man sonst die Zufallsvariable zuvor zentrieren würde.

Nun wird die Summe aus n Zufallsgrößen gebildet:

$S_n = \sum_i^n X_i \, mit \, \mathcal{E}S_n = 0 \, und \, Var(S_n) = n \cdot \sigma^2$

Nun führen wir die sog. Faltung einer Zufallsvariablen ein. Damit wir die Summe aus zwei Zufallsvariablen zu einer. Ein Beispiel, das dies veranschaulicht und auch zum obigen Würfel-Experiment passt, ist das Werfen zweier Würfel. Um jetzt die Wahrscheinlichkeit für k Augen bei zwei Würfen zu berechnen, muss man die Wahrscheinlichkeit für j Augen beim ersten Wurf mit der für k-j Augen beim zweiten Wurf multiplizieren. Formal geschrieben:

$P(X_1 + X_2 = k) = \sum_{j=1}^6 P(X_1 = j) \cdot P(X_2 = k - j)$ [41]

Somit gilt in unserer Herleitung nun für S_{n+1}:

$P(S_{n+1} = k) = \sum_i P(S_n = k - i) \cdot P(X_{n+1} = i)$

Da die Zufallsgrößen gleichverteilt sind, gilt:

$P(S_{n+1} = k) = \sum_i P(S_n = k - i) \cdot p_i$

Jetzt bilden wir ein Wahrscheinlichkeitspolygon φ_n wie schon bei der Herleitung der Normalverteilung, die die Wahrscheinlichkeiten von $P(S_n)$ angibt. Dabei wird aber φ_n noch standardisiert:

---

[40] eigene Berechnung der Wahrscheinlichkeiten und Erstellung der Diagramme, Datei: "Zentraler Grenzwertsatz"
[41] vgl. "Stochastik Leistungskurs", Seite 302f

$$\varphi_n\left(\frac{k}{\sigma\sqrt{n}}\right) = \sigma\sqrt{n} \cdot P(S_n = k)$$

$$P(S_n = k) = \frac{1}{\sigma\sqrt{n}} \cdot \varphi_n\left(\frac{k}{\sigma\sqrt{n}}\right)$$

Wenn wir nun diese Formel auf die oben angegebene Faltungsformel anwenden, so erhalten wir:

$$\frac{1}{\sigma\sqrt{n+1}} \cdot \varphi_n\left(\frac{k}{\sigma\sqrt{n+1}}\right) = \Sigma_i p_i \cdot \frac{1}{\sigma\sqrt{n}} \cdot \varphi_n\left(\frac{k-i}{\sigma\sqrt{n}}\right) \qquad \| \cdot \sigma\sqrt{n+1}$$

$$\varphi_n\left(\frac{k}{\sigma\sqrt{n+1}}\right) = \sqrt{\frac{n+1}{n}} \cdot \Sigma_i p_i \cdot \varphi_n\left(\frac{k-i}{\sigma\sqrt{n}}\right)$$

Nun vermuten wir, dass der Polygonzug φ_n, wie schon beim lokalen Grenzwertsatz von Moivre-Laplace, bei steigendem n gegen φ konvergiert. So gilt dann:

$$\lim_{n\to\infty} \varphi_n\left(\frac{k}{\sigma\sqrt{n+1}}\right) = \varphi\left(\frac{k}{\sigma\sqrt{n+1}}\right)$$

Diese Funktion φ wird anschließend approximiert durch den Satz von Taylor, welcher noch in manchen Bundesländern in den Leistungskursen Mathematik gelehrt wird. Da dies aber in Bayern nicht der Fall ist, werden wir diesen Schritt auch auslassen. Um nur zu verstehen, wie das Endprodukt zu Stande kommt, werde ich grundlegende Sachen kurz erläutern. Brook Taylor hat herausgefunden, dass man Funktionen an einer bestimmten Stelle durch ein Polynom mit ihren Ableitungen an einen bestimmten Punkt annähern kann. Ein uns schon bekanntes Beispiel ist die Näherung mithilfe der Tangente, dies entspricht dem Taylor-Polynom ersten Grades, weil es mittels der ersten Ableitung gebildet wird. Aber dieses Verfahren kann man auf beliebig vielen Ableitungen erweitern, falls die zu approximierende Funktion beliebig oft differenzierbar ist. In unserem Fall werden wir das Polynom nur so lang gestalten, bis das Restglied vernachlässigbar klein ist. So entsteht dann die Differenzialgleichung: [42]

$$\varphi(x) + x \cdot \varphi'(x) + \varphi''(x) = 0$$

Nach der Produktregel kann man auch die ersten beiden Summanden zusammenfassen:

$$\left(x \cdot \varphi(x)\right)' + \varphi''(x) = 0 \qquad |\text{aufleiten}$$

$$x \cdot \varphi(x) + \varphi'(x) = 0 \qquad |-x \cdot \varphi(x)$$

$$\varphi'(x) = -x \cdot \varphi(x) \qquad |: \varphi(x)$$

$$\frac{\varphi'(x)}{\varphi(x)} = -x \qquad |\text{aufleiten}$$

$$ln|\varphi(x)| = -0{,}5x^2$$

$$\to \varphi(x) = e^{-0{,}5x^2}$$

[42] vgl. http://www.uni-magdeburg.de/exph/mathe_gl/taylorreihe.pdf

Diese Differenzialgleichung war schon das Ergebnis aus dem lokalen Grenzwertsatz von Moivre-Laplace. So wissen wir, dass die Funktion $\varphi(x)$, gegen die φ_n konvergieren wird, der Normalverteilung entspricht. Somit ist unsere eingehende Vermutung aus dem Würfelexperiment bestätigt worden und wurde zudem auch bewiesen. [43]

Satz 3.4.5 (Zentraler Grenzwertsatz)

"Es seien $X_1, X_2, \ldots$ [...] unabhängige Kopien einer Zufallsvariablen X, für die Erwartungswert E(X) und Varianz σ^2 existieren; die Varianz soll nicht Null sein. Dann konvergieren die Zufallsvariablen $(X_1 + \cdots + X_n - nE(X))/\sqrt{n}\sigma$ in Verteilung gegen die Standardnormalverteilung N(0,1). Insbesondere gilt[...]:

$$\mathbb{P}\left(\left\{\frac{X_1 + \cdots + X_n - nE(X)}{\sqrt{n}\sigma} \in [a;b]\right\}\right) \to \frac{1}{\sqrt{2\pi}} \int_a^b e^{-x^2/2}\, dx$$

für $n \to \infty$ und beliebige Intervalle [a;b]." [44]

Dieser Satz beschreibt die herausragende Rolle der Normalverteilung, nicht nur in der Mathematik, sondern auch im Alltagsleben, da sich alles im Mittel wie die Gauß'sche Glockenkurve verhält. Weitere Beispiele neben dem IQ sind die Körpergröße und das Gewicht des Menschen. Außerdem ist dann logisch, dass auch die Hypergeometrische Verteilung sowie die Poisson-Verteilung gegen die Normalverteilung konvergieren für $n \to \infty$ bzw. $\lambda \to \infty$.

IV) Zusammenfassung

Nachdem nun alle Approximationsmöglichkeiten von den vier WK-Verteilungen besprochen wurden, sollen diese noch knapp in ein Schaubild [45] zusammengefasst werden, in dem auch noch die Voraussetzungen und die Transformationen von den jeweiligen Parametern integriert werden sollen. Als erstes ist die Hypergeometrische Verteilung zu nennen, da diese nur approximiert wird und eben nicht selber eine andere Verteilung annähert. Gründe dafür sind die Anzahl der Parameter und die drei Binomialkoeffizienten. Diese kann durch Binomialverteilung angenähert werden. Dabei stellt die Trefferwahrscheinlichkeit p den Quotienten $\frac{M}{N}$ dar. Die Biomialverteilung kann dagegen für $n \to \infty$ und $p \to 0$ mit der Poisson-Verteilung angenähert werden. Dabei ist der Parameter λ gleich dem Erwartungswert

---

[43] vgl. "Stochastik in der Kollegstufe", Seite 112-114
[44] "Elementare Stochastik", S.246
[45] selbst erstellte Abbildung

$n \cdot p$. Zuletzt können all diese genannten Verteilung für $n \to \infty$ bzw. $\lambda \to \infty$ nach dem Zentralen Grenzwertsatz mit der Normalverteilung angenähert werden. Wenn man sich sich bei der Approximation der Binomialverteilung entscheiden muss, mit welcher WK-Verteilung man diese annähert, ist die Trefferwahrscheinlichkeit p entscheidend. Ist diese sehr klein, ist die Poisson-Verteilung die richtige Verteilung. Nähert sich p jedoch dem Wert 0,5 an, sodass fast eine Symmetrie vorliegt, dann ist es die Normalverteilung, welche besser angenäherte Wahrscheinlichkeiten liefert. Desweiteren ist zu beachten, dass im Bereich um den Erwartungswert $\mathcal{E}X$ der prozentuale Fehler am geringsten ist. Um jetzt auch die Poisson-Verteilung oder die Hypergeometrische Verteilung mit der Gauß'schen Glocke anzunähern, verallgemeinert man die Voraussetzung für die Approximation der Binomialverteilung ($n \cdot p \cdot (1 - p) \geq 9$), indem die Varianz der anderen WK-Verteilungen diese Ungleichung erfüllen muss.

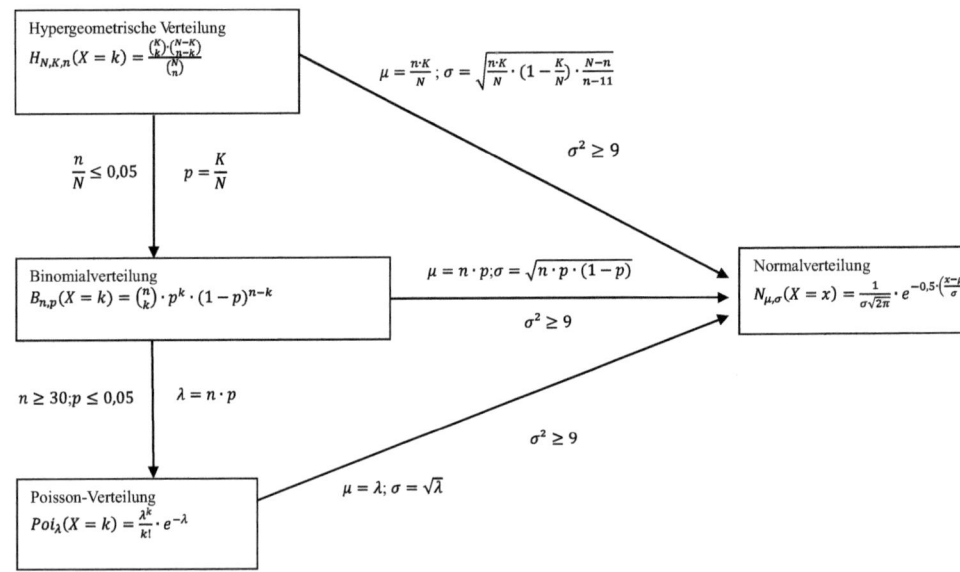

V) Anhang

1. Tabelle der Quantile zur Normalverteilung

α	z_α	α	z_α
0.9999	3.7190	0.9955	2.6121
0.9998	3.5401	0.9950	2.5758
0.9997	3.4316	0.9945	2.5427
0.9996	3.3528	0.9940	2.5121
0.9995	3.2905	0.9935	2.4838
0.9994	3.2389	0.9930	2.4573
0.9993	3.1946	0.9925	2.4324
0.9992	3.1559	0.9920	2.4089
0.9991	3.1214	0.9915	2.3867
0.9990	3.0902	0.9910	2.3656
0.9989	3.0618	0.9905	2.3455
0.9988	3.0357	0.9900	2.3263
0.9987	3.0115	0.9895	2.3080
0.9986	2.9889	0.9890	2.2904
0.9985	2.9677	0.9885	2.2734
0.9984	2.9478	0.9880	2.2571
0.9983	2.9290	0.9875	2.2414
0.9982	2.9112	0.9870	2.2262
0.9981	2.8943	0.9865	2.2115
0.9980	2.8782	0.9860	2.1973
0.9979	2.8627	0.9855	2.1835
0.9978	2.8480	0.9850	2.1701
0.9977	2.8338	0.9845	2.1571
0.9976	2.8202	0.9840	2.1444
0.9975	2.8070	0.9835	2.1321
0.9974	2.7944	0.9830	2.1201
0.9973	2.7821	0.9825	2.1084
0.9972	2.7703	0.9820	2.0969
0.9971	2.7589	0.9815	2.0858
0.9970	2.7478	0.9810	2.0749
0.9969	2.7370	0.9805	2.0642
0.9968	2.7266	0.9800	2.0537
0.9967	2.7164	0.9795	2.0435
0.9966	2.7065	0.9790	2.0335

2. Ausführung des Würfel-Experiments

$S_n=X_1$:

k	P(X=k)
1	0,16666667
2	0,16666667
3	0,16666667
4	0,16666667
5	0,16666667
6	0,16666667

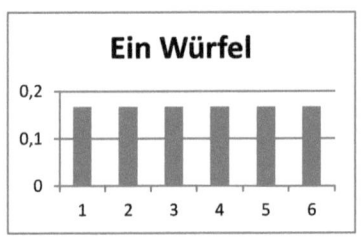

$S_n=X_1+X_2$:

K	P(X=k)
2	0,02777778
3	0,05555556
4	0,08333333
5	0,11111111
6	0,13888889
7	0,16666667
8	0,13888889
9	0,11111111
10	0,08333333
11	0,05555556
12	0,02777778

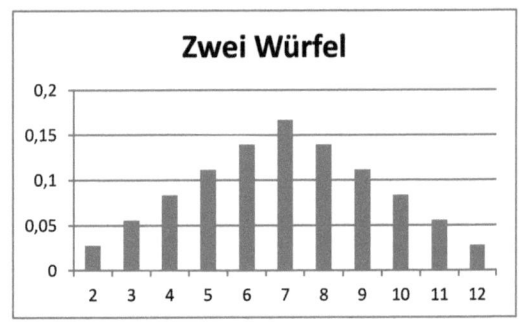

$S_n=X_1+X_2+X_2$:

K	P(X=k)
3	0,00462963
4	0,01388889
5	0,02777778
6	0,0462963
7	0,06944444
8	0,09722222
9	0,11574074
10	0,125
11	0,125
12	0,11574074
13	0,09722222
14	0,06944444
15	0,0462963
16	0,02777778
17	0,01388889
18	0,00462963

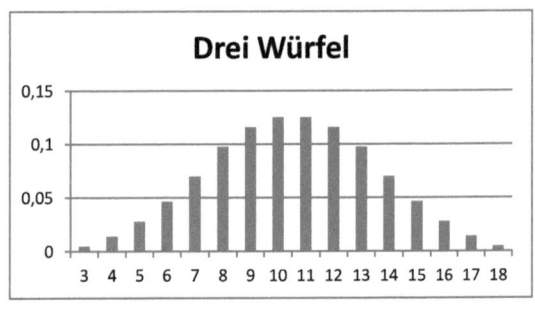

VI)   Quellenverzeichnis

1.   Literartur

Barth F. , Haller R. ,: "Stochastik Leistungskurs", Ehrenwirth Verlag, München, 3. Auflage, 1985

Behrends E. : "Elementare Stochastik", Springer Spektrum, Wiesbaden, 2013

Knopp K, von Mangoldt H. :"Einführung in die Höhere Mathematik ", Dritter Band, S. Hirzel Verlag,
Stuttgart, , 14. Auflage, 1975

Scheid H. :"Stochastik in der Kollegstufe", Band 6, Wissenschaftsverlag BI, Mannheim, 1986

Fahrmeir L. , Künstler R, Piged J., Tutz G. :" Statistik: Der Weg zur Datenanalyse", Springer-Verlag, Heidelberg, 6. Auflage, 2007

Götz H., Herbst M., Kestler C., Kosuch H., Novotný J., Sy B., Thiessen T., Zitterbart A. :
Lambacher Schweizer 11, Stuttgart, 2009

2.   Internet

<https://www.ma.tum.de/foswiki/pub/Studium/ChristianKredler/Stoch1.pdf> (aufgerufen am 02.11.2016)

<https://de.wikipedia.org/wiki/Intelligenzquotient> (aufgerufen am 02.11.2016)

<http://www.cip.ifi.lmu.de/~holleis/files/facharb/Verteilungen> (aufgerufen am 02.11.2016)

<http://wandinger.userweb.mwn.de/LA_HM/v2.pdf> (aufgerufen am 02.11.2016)

<http://www.poissonverteilung.de/beweise/poissonverteilung-varianz.html> (aufgerufen am 02.11.2016)

<http://mathe.wikidot.com/hypergeometrische-verteilung> (aufgerufen am 02.11.2016)

<https://www.youtube.com/watch?v=bqe7Ct14__k> (aufgerufen am 02.11.2016)

<https://www.youtube.com/watch?v=fWOGfzC3IeY> (aufgerufen am 02.11.2016)

<https://de.wikipedia.org/wiki/Multivariate_hypergeometrische_Verteilung> (aufgerufen am 02.11.2016)

<www.klaus-gach.de/dateien/vers/binom01.doc> (aufgerufen am 02.11.2016)

<http://risk-research.de/fileadmin/user_upload/NV_Quantile.pdf> (aufgerufen am 02.11.2016)

<http://www.uni-magdeburg.de/exph/mathe_gl/taylorreihe.pdf> (aufgerufen am 02.11.2016)